MANUEL

DES

POITRINAIRES.

CONSIDÉRATIONS

ET OBSERVATIONS PRATIQUES

SUR

La nature, les causes, les symptômes et le traitement de la phthysie pulmonaire (vulgairement connue sous le nom de maladies de poitrine).

> Quand une maladie est réputée incurable, il est plus avantageux de tenter un moyen douteux que de n'en employer aucun.

PAR P. PELLEPORT,

Docteur en médecine, ancien élève des hôpitaux, membre correspondant de plusieurs sociétés savantes, auteur de plusieurs mémoires, etc., etc.

Prix : 1 fr. 50 c.

PARIS,

DENTU, LIBRAIRE, AU PALAIS-ROYAL,

L'AUTEUR, RUE DU FAUB. ST-DENIS, 20.

1839.

Paris. — Imp. de P. Baudouin, rue Mignon, 2.

PRÉFACE

Beaucoup d'ouvrages ont été publiés sur la phthisie pulmonaire, et il en est où les causes présumées, la nature, les symptômes et les lésions cadavériques sont traités avec une exactitude et une précision dignes de remarque; mais il est à regretter que les travaux des anatomo-pathologistes n'aient pas fait faire un pas à la thérapeutique de cette maladie. Loin de là, il semble que l'anatomie pathologique ait plutôt contribué à maintenir qu'à ébranler l'opinion généralement répandue parmi les médecins, sur l'incurabilité de la phthysie. Les opinions de ces médecins fatalistes, qui ont tant de fois interrogé le cadavre, nous autorisent à dire que, dans ce cas comme dans bien d'autres, l'anatomie pathologique, loin d'éclairer la thérapeutique, n'a servi qu'à nous montrer avec grand luxe les formes hideuses que prend la nature pour opérer notre destruction, sans nous y faire trouver le secret des moyens à employer pour opposer une digue à ses ravages.

Une opinion aussi funeste pour l'espèce humaine mérite, ce me semble, qu'on l'ébranle par des faits qui sont de nature à réveiller le zèle médical sur la thérapeutique d'une maladie qui, par sa gravité et par sa fréquence, réclame au plus haut degré notre attention. Les médecins prévenus et qui sont encore sous le fatal préjugé qui nie la curabilité de cette maladie, accueilleront sans doute ces faits avec méfiance, et penseront que j'ai pris pour des phthysies des catarrhes, des pleurésies et des pneumonies chroniques. Je les engage, dans l'intérêt de l'humanité, à suspendre leur jugement jusqu'à ce qu'ils aient expérimenté le traitement que j'indique, et si, ce dont je ne doute nullement, ils obtiennent les mêmes succès que moi, je m'estimerai heureux d'avoir contribué à soustraire de nouvelles victimes à cette cruelle maladie.

Tel est le motif qui m'a engagé à publier cet opuscule, où je rapporte seulement quelques observations, parmi les nombreuses cures que j'ai obtenues.

MANUEL DES POITRINAIRES.

DE LA POITRINE.

La poitrine est une grande cavité de forme conoïde, un peu aplatie antérieurement, composée d'os et de cartilages unis par des ligaments, et renfermant les organes principaux de la respiration et de la circulation.

Le sternum, sur la ligne moyenne et en avant, douze côtes de chaque côté, et douze vertèbres dorsales qui occupent la partie postérieure, forment la poitrine.

ORGANES DE LA RESPIRATION.

Des Poumons.

Les poumons sont deux organes spongieux, cellulaires, expansibles, renfermés dans la cavité de la poitrine (thorax), séparés l'un de l'autre par les médiastins et par le cœur, entourés par des membranes qu'on nomme plèvres, et destinés à faire subir à l'air et au sang qui les pénètrent, les changements sur lesquels est fondé l'acte de la respiration.

Le volume des poumons est toujours exactement en rapport avec la capacité de la poitrine; ils suivent les mouvements imprimés à ses parois, contre lesquelles ils sont toujours appliqués, et se dilatent et se resserrent comme elles; aussi n'existe-t-il jamais aucun vide dans la cavité de la poitrine. Les poumons ont un poids proportionnel beaucoup moindre que celui des autres organes; ils ne se précipitent jamais au fond de l'eau tant qu'ils sont dans leur état normal, et cette légèreté dépend de l'air qui en pénètre tout le tissu.

De tous nos organes formés par des solides, les poumons sont ceux qui offrent la densité la moins prononcée. On les comprime avec la plus grande facilité, et quoique flexibles et mous, leur tissu ne se déchire qu'avec peine.

La figure des poumons est celle d'un conoïde très-irrigulier, dont la base est tournée en bas et le sommet en haut, et qui se trouve aplati en dedans. Le droit est divisé en trois lobes inégaux par deux scissures obliques; le gauche ne présente qu'une scissure et n'a que deux lobes. Leur face externe, convexe dans toute son étendue, est en rapport avec les parois de la poitrine, dont elle est séparée par le feuillet costal des plèvres; lisse et polie, elle est constamment humectée par un fluide séreux. La face interne des poumons, plane ou légèrement concave, pour s'accommoder à la saillie du cœur, est continue au médiastin, et correspond en arrière à la colonne vertébrale.

Vers le milieu de sa hauteur, on voit l'insertion des bronches et des vaisseaux pulmonaires. Leur base, légèrement concave, repose sur la face supérieure du diaphragme, leur sommet enfin, étroit, obtus, un peu bosselé, est situé au niveau de la première côte.

Organisation des Poumons.

Le tissu des poumons est très complexe ; il semble essentiellement composé des prolongements et des ramifications successives des bronches, des artères et des veines pulmonaires, qui s'accolent dans toutes leurs divisions, et sont soutenues dans leur assemblage par un tissu cellulaire très fin, de manière à constituer une suite de lobules qui sont recouverts et réunis par les plèvres, et parsemés de nerfs, de vaisseaux et de ganglions lymphatiques.

DES PLÈVRES.

Les plèvres sont deux membranes minces, diaphanes, perspirables, qui revêtent intérieurement chaque côté de la poitrine, et se réfléchissent de là sur l'un et l'autre poumons. Comme toutes les membranes séreuses, à l'ordre desquelles elles appartiennent, leur surface interne est dans un rapport continuel avec elles-mêmes; et elles représentent ainsi un sac sans ouverture. Par leur adossement elles forment les médiastins, et leur trajet est absolument le même à gauche et à droite.

Des conduits aérifères des poumons, ou de la trachée-artère et des bronches.

La trachée-artère est un tuyau cylindroïde, fibro-cartilagineux et membraneux, un peu aplati en arrière, placé au-devant de la colonne vertébrale, depuis la partie inférieure du larynx jusqu'au niveau de la seconde ou troisième vertèbre du dos, dans le médiastin postérieur. Située le long de la ligne médiane du corps, symétrique et régulière dans toute son étendue, légèrement mobile et extensible, la trachée-artère a huit ou dix lignes de diamètre environ ; ce diamètre est le même dans toute son étendue, et ne varie que suivant les âges, et quelques dispositions individuelles ; il est en général proportionné au volume des poumons. A son extrémité inférieure, la trachée-artère se bifurque et donne naissance à deux conduits qui pénètrent dans les poumons : ce sont les bronches qu'on distingue en gauche et en droite, et qui s'écartent l'une de l'autre en se dirigeant en bas et en dehors, et en formant un angle presque droit. Parvenues dans les poumons, les bronches se divisent en deux branches, qui, après un très-court trajet, se bifurquent elles-mêmes, et donnent ainsi des rameaux de moins en moins volumineux, qui prennent toutes sortes de directions.

Ces ramifications semblent partager tout le tissu de l'organe en lobules séparés les uns des autres par du tissu cellulaire, et existent absolument dans tous ses points. Il est extrêmement difficile de les suivre jusqu'à leur dernier terme.

Membrane fibreuse ou extérieure.

Elle provient de la circonférence inférieure du cartilage cricoïde, et se prolonge jusqu'aux dernières extrémités des bronches. La surface extérieure de cette membrane est parsemée, en arrière, de granulations rougeâtres. Ce sont des follicules muciparés, dont les canaux excréteurs traversent toute l'épaisseur du conduit pour s'ouvrir à son intérieur. On les nomme communément glandes trachéales. Sa surface intérieure correspond antérieurement à la membrane muqueuse, dont elle est séparée par une multitude d'autres granulations plus petites et de couleurs variables, qui paraissent être également des follicules.

Membrane muqueuse ou intérieure continue à la membrane du larynx; elle se propage jusqu'à la terminaison des bronches. Mince, rougeâtre et plissée sur sa longueur, elle correspond à la face interne des cerceaux fibro-cartilagineux, et à la membrane fibreuse. Elle est en général peu adhérente à ces diverses parties. Sa surface interne est comme criblée par les orifices excréteurs de ses follicules muqueux, qui répandent continuellement un fluide assez épais et peu abondant.

GANGLIONS LYMPHATIQUES. Ils sont en très grand nombre; ils sont situés au-devant de la bifurcation de la trachée-artère, autour des bronches, et même dans l'intérieur des poumous, où ils sont irrégulièrement disséminés. Leur forme et leur volume varient beaucoup; les plus gros sont logés au-dessus de la trachée-artère, les plus petits dans les intervalles des bronches. Leur couleur est noire, ou d'un brun obscur chez l'adulte, rougeâtre dans les enfants. Leur tissu est généralement peu consistant.

De la Respiration.

Pour que la respiration, qui peut être définie l'entrée et la sortie alternative de l'air dans les poumons, s'exécute, il faut que la poitrine s'agrandisse (c'est à cette dilatation active de la poitrine que l'on donne le nom d'inspiration), et qu'elle se resserre pour expulser l'air qui y était entré. Ce second mouvement se nomme expiration.

Chaque fois que la poitrine se dilate dans un homme adulte, il entre dans les poumons de 30 à 40 pouces d'air atmosphérique, composé, lorsqu'il est dans son état de pureté, d'environ 79 parties d'azote et de 21 parties d'oxigène.

Lorsqu'il a séjourné quelques instants dans le tissu pulmonaire, il en est chassé par l'effort expiratoire ; mais sa quantité est diminuée : il est réduit à 38 pouces. Sa composition n'est plus la même ; on y retrouve, à la vérité, 0,79 d'azote ; mais la portion vitale et respirable, l'oxigène, a subi une grande diminution ; sa proportion n'est plus que de 0,14. L'acide carbonique forme les sept autres centièmes.

0,20 au moins d'oxigène sont nécessaires à la respirabilité de l'air ; et si cette proportion diminue de 7 à 8 centièmes, la respiration est pénible, haletante, suffocative, enfin l'asphyxie survient, lors même que l'air contient encore quelques parties d'oxigène dont le poumon ne peut entièrement le priver.

Toutes les fois qu'une grande quantité d'hommes est renfermée dans un espace clos où l'air ne peut être facilement renouvelé, ils se nuisent, non seulement en dépouillant l'atmosphère de son élément vivifiant, mais encore en l'altérant par le mélange de toutes les matières qu'exhalent leurs corps. C'est sous cette influence délétère que naît et se développe la fièvre des hôpitaux et des prisons, qui épargne un si petit nombre de ceux qu'elle atteint.

Un air sec et tempéré, qui contient 21 parties d'oxigène et 79 d'azote, le moins altéré possible par le mélange d'autres gaz ou de diverses substances volatilisées, est celui qui convient le plus à la respiration.

Parmi les changements que le sang éprouve en parcourant nos divers organes, il n'en est point de plus essentiels et de plus remarquables que ceux que lui imprime l'air pendant l'acte respiratoire. Le sang, que les veines rapportent au cœur, et que le ventricule droit envoie dans l'organe pulmonaire, est noirâtre, pesant, séreux, peu concrescible, incapable de servir à l'excitation des organes; mais après qu'il a été mis en contact avec l'air atmosphérique, il en revient coloré d'un rouge vermeil, moins aqueux, plus promptement coagulable, et doué de propriétés stimulantes qu'il n'avait pas auparavant. C'est ce phénomène respiratoire que l'on désigne sous le nom d'hématose. Privé d'eau et de carbone, chargé d'oxigène dans son passage à travers les poumons, révivifié, le sang artériel, chassé au loin, se dépouille de ce principe, se désoxigène, et revient à l'état veineux. Ainsi, les effets de la respiration se continuent en quelque manière dans tous les tissus où le sang pénètre ; partout l'oxigène, entrant dans de nouvelles combinaisons, entretient les organes dans une excitation nécessaire, leur fournit du calorique, qui, se dégageant uniformément, donne à toutes nos parties une température égale.

DE LA PHTHISIE PULMONAIRE,

Vulgairement connue sous le nom de maladie de poitrine.

On donne le nom de phthisie à l'existence de turbercules dans les poumons.

DESCRIPTION DES TUBERCULES

Le tubercule est une matière sécrétée qui se dépose dans nos organes sous forme de petits grains jaunâtres et opaques. La densité de cette matière, d'abord peu considérable, varie avec l'état des parties environnantes ; elle devient quelquefois crétacée, dure et friable, ainsi qu'on le voit au sommet des poumons des vieillards : on peut attribuer cette dureté à l'absorption des parties les plus ténues. Le turbercule est le plus souvent rond : c'est la forme que prend une cavité extensible qui éprouve de tous côtés une résistance égale. Il en est de même des mailles du tissu cellulaire, distendues par des gaz, des liquides ou des solides ; l'anasarque, l'emphysème et le tissu adipeux nous offrent des exemples de cette disposition. Cette figure sphérique s'altère souvent par la réunion de plusieurs turbercules.

1re *Espèce. Tubercule simple*. J'appelle ainsi celui qui est déposé dans une seule maille du tissu cellulaire, et dont les différentes molécules sont ainsi réunies, sans aucune substance intermédiaire.

2me *Espèce. Tubercule multiple.* Celui-là résulte de la réunion de plusieurs tubercules simples, originairement séparés, lesquels, se rapprochant ensuite, ont enfermé dans leurs intervalles des lames de substance organisée.

Ces deux espèces ne diffèrent donc nullement quant à leur nature; seulement, dans un cas, le travail sécrétoire a lieu dans un seul point, et les tissus environnants ont été simplement refoulés; dans l'autre, il a lieu dans plusieurs points en même temps, et des parties vivantes ont été enveloppées par les produits de la sécrétion.

C'est dans le poumon que les tubercules simples acquièrent le plus gros volume; cependant ils excèdent rarement un quart ou une demi-ligne de diamètre. Le tissu qui les entoure est ou sain et crépitant, ou hépatisé et engoué, enfin résistant, ferme, et blanchâtre, en un mot, tel qu'on le décrit sous le nom de granulation.

Les tubercules multiples offrent à peu près la même apparence dans tous les tissus ; dans le poumon, ce sont des points opaques déposés dans le tissu même de cet organe, qui se réunissent et forment par leur agglomération des corps arrondis ; à mesure que le tissu du poumon est envahi par l'affection tuberculeuse, ils finissent par former une masse jaunâtre, présentant çà et là quelques vaisseaux, mais dans laquelle on n'aperçoit pas de ramifications bronchiques.

Lorsqu'une granulation devient le

siége de la sécrétion tuberculaire, on observe toujours plusieurs points opaques, soit à la surface, soit à l'intérieur; mais jamais exactement au centre. Quand ces points se sont une fois réunis, on croirait voir un tubercule isolé; mais un examen attentif y fait reconnaître le tissu du poumon envahi par la réunion de plusieurs turbercules. Les tubercules étant déposés dans la substance des organes, et n'étant pas suceptibles de s'organiser, doivent en être éliminés, et cela a lieu de deux manières; 1° par l'absorption; 2° par l'expulsion: c'est à ce phénomène que nous allons donner toute notre attention; car le danger des affections tuberculeuses résulte le plus souvent du travail éliminatoire: étudions-le dans les deux espèces de tubercules.

1° Le tubercule simple, en augmentant de volume, a comprimé le tissu environnant qui lui servait de kyste. Cette enveloppe, sous l'influence des causes dont nous parlerons plus tard, devient le siége d'un travail morbide dont voici les phénomènes : les parois du kyste s'enflamment, s'ulcèrent et sécrétent un liquide éliminatoire destiné a favoriser l'expulsion de la matière étrangère : c'est ainsi que se forment les cavernes ou excavations tuberculeuses; elles sont, le plus souvent, dues à la destruction de plusieurs tubercules; les deux phénomènes principaux qui se passent dans les cavernes tuberculeuses sont la sécrétion d'un liquide éliminatoire et l'ulcération : nous parlerons plus tard de la possibilité d'en obtenir la guérison.

2° Le tubercule multiple. La cause que

nous venons d'examiner agit également sur le tubercule multiple, mais son expulsion est favorisée par les divers phénomènes suivants : le tubercule multiple, en augmentant de volume, a produit la mort des portions de tissu qu'il comprenait dans son intérieur ; il s'établit dès-lors entre la partie morte et la partie vivante un travail éliminatoire qui, joint à l'irritation causéepar le tubercule sur les parties voisines, en détermine l'expulsion. Lorsque des tubercules multiples ont subi ce travail, ont voit toujours des flocons dans lesquels on peut reconnaître quelque organisation ; on observe toujours ce phénomène dans les ganglions tuberculeux.

3° La transformation des granulations en tubercules.

Bayle avait séparé avec raison les

granulations des tubercules; M. Chomel avait soutenu la même opinion. C'est à M. Andral qu'on doit d'avoir établi ce point de doctrine d'une manière incontestable; ses recherches sur l'anatomie du poumon, considéré dans ses éléments, l'ont amené à des résultats intéressants sur les maladies de cet organe.

Suivant cet auteur, les granulations du poumon sont des pneumonies lobulaires avec hypertrophie des parois vésiculaires. Pour faire disparaître les apparences trompeuses qui résultent de la section des tissus, on isole ou on dessèche les lobules, et ce qui semblait une production nouvelle n'est plus qu'un lobule pulmonaire modifié dans ses qualités physiques. Quelle que soit l'origine des granulations pulmonaires, il est évident qu'elles ne sont pas des tissus de formation nouvelles, mais plutôt des modifications qu'ont subies les tissus des organes où elles se développent.

Les granulations des autres organes ne ressemblent nullement à celles des poumons; elles sont dues, dans les intestins, à une altération des follicules mucipares. Sur les séreuses, elles semblent être des rudiments de fausses membranes ; dans le tissu cellulaire, une induration chronique comme on le voit autour des tubercules sous-muqueux des intestins.

M. Louis n'a trouvé dans le poumon que deux fois des tubercules sans granulations, et cinq fois des granulations sans tubercules ; il pense que ce fait prouve d'une manière incontestable le changement des granulations grises demi-transparentes en maitère tuberculeuse. Mais si, d'autre part, le tubercule se développe toujours primitivement dans les autres organes, si de plus, il se montre quelquefois dans le poumon sans avoir été précédé de granulations, ne semble-t-il pas que son existence soit tout à fait indépendante de celle des granulations ?

Lorsque la matière tuberculeuse se développe dans une granulation, nous avons vu qu'elle occupe indifféremment le centre, les bords ou la surface. Ce fait, observé par MM. Chomel, Guersent et Andral, me semble un argument de plus contre l'opinion de M. Louis.

Les granulations sont, comme les tubercules, plus fréquentes au sommet qu'à la base du poumon; elles occupent naturellement le même siége, s'il est vrai que l'inflammation soit une des causes occasionelles de ces deux productions.

Si, ainsi que cela est généralement admis par les anatomo-pathologistes, les tubercules pulmonaires sont le résultat d'une sécrétion morbide, il s'ensuit que partout où se forme un tubercule, a dû avoir lieu un travail plus ou moins semblable à celui exercé par un organe sécréteur quelconque. Or, tout ce que nous pouvons saisir dans les sécrétions physiologiques, c'est une congestion et une véritable excitation de l'organe sécréteur; ce fait est incontestable. Si donc le tubercule est une matière sécrétée, la conséquence forcée qu'on doit en tirer, c'est que sa formation est le résultat de la stimulation de l'organe où il existe.

Symptômes et Marche de la Phthisie.

Les premiers simptômes qui doivent faire craindre les tubercules sont une toux sèche ou accompagnée d'une expectoration glaireuse, filante, une oppression suivie de crachements de sang (hémoptysie) ; des douleurs vagues dans le dos et dans différentes parties de la poitrine ; la matité et l'absence du murmure respiratoire ; des sueurs visqueuses se déclarant surtout le matin ; elles sont parfois générales, mais le plus souvent elles sont bornées à la poitrine, au cou, à la tête et aux bras ; la diarrhée, l'aphonie, la chaleur et la sécheresse de la peau ; enfin le tintement métallique, la respiration caverneuse, le gargouillement et la pectoriloquie, tels sont les symptômes à peu près constants de la phthisie pulmonaire.

Avant que les malades ne présentent les signes qui annoncent l'existence des tubercules pulmonaires, ils ont été presque constamment atteints soit d'une inflammation de la membrane muqueuse des voies aériennes, soit d'une ou plusieurs hémoptysies, soit d'une inflammation du parenchyme pulmonaire ou des plèvres.

1° L'inflammation de la membrane muqueuse des voies aériennes, sans complication de phlegmasie du parenchyme pulmonaire, est certainement l'affection que l'on observe le plus fréquemment chez les individus qui, plus tard, offrent les signes de la phthisie pulmonaire. Si on la considère d'abord relativement à son siége, on voit que la phlegmasie des voies aériennes, dont les symptômes précédent ceux des tubercules, n'a pas toujours son point de départ dans les petites ramifications bronchiques, ni même dans les grosses bronches. Souvent elle débute par la partie supérieure du canal aérien, et ne constitue qu'une simple inflammation du larynx (laryngite). Chez ces individus, les poumons n'ont encore offert aucune espèce de symptôme qui puisse faire craindre qu'ils soient le siége d'une affection quelconque. Cependant la voix reste enrouée, les malades éprouvent une espèce de picotement dans le larynx, ils ont une petite toux; bientôt l'irritation gagne la trachée-artére et les bronches, chaque quinte *de toux* détermine une sorte de picotement désagréable, quelquefois même une véritable douleur derrière le sternum : ici on peut suivre en quelque sorte pas à pas les progrès de la maladie, qui du larynx s'est étendue à la trachée-artère, aux bronches et à leurs ramifications. Alors seulement la maladie devient plus grave: la fièvre se déclare, la nutrition s'altère, les expressions fonctionnelles locales et générales changent, la toux, la dyspnée augmentent, et bientôt on ne peut plus mettre en doute l'existence de tubercules dans le parenchyme pulmonaire. En considérant attentivement cette succession de phénomènes, on ne peut, ce me semble, se refuser d'admettre dans ce cas là, que c'est la phlegmasie qui du larynx a gagné la trachée-artère et les bronches, qui a donné lieu à la formation des tubercules. Dans d'autres cas, la maladie débute par une simple bronchite. Celle-ci n'est d'abord accompagnée d'aucun symptôme grave, mais après un certain temps, la respiration devient gênée, la fièvre se déclare, l'embonpoint diminue, et tout annonce qu'il existe des tubercules pulmonaires.

Ce n'est pas toujours après une première ou seconde bronchite qu'on voit apparaître les symptômes de la phthisie pulmonaire. Il est des individus qui, pendant plusieurs années, contractent des rhumes avec la plus grande facilité. Chez eux, un rhume est à peine terminé, que sous l'influence de la cause la plus légère, un autre recommence. Cependant il arrive une époque où un nouveau rhume se déclare plus intense, plus opiniâtre que les précédents; alors pour la première fois la santé commence à s'altérer; l'inflammation des bronches se prolonge indéfiniment, et au bout d'un temps plus ou moins long, les symptômes de la dégénération tuberculeuse deviennent manifestes.

CRACHEMENT de SANG (HEMOPTYSIE).

Dans certains cas, les crachements de

sang sont symptômatiques des tubercules pulmonaires; dans d'autres cas, au contraire, ils en précèdent la formation. En effet, on voit des individus bien constitués, n'ayant jamais eu de bronchite et ayant toujours joui d'une bonne santé, être pris subitement d'un abondant crachement de sang, accompagné de toux, de dyspnée, et présenter bientôt après tous les symptômes de la phthisie. On conçoit que les poumons étant le siége d'une congestion, des tubercules pourront se développer au milieu d'un organe dont la nutrition se trouve modifiée par suite du travail pathologique qui s'y est formé. Si les individus sont prédisposés aux tubercules, on conçoit combien l'hémoptysie peut fréquemment donner lieu à la phthisie pulmonaire. Heureusement à l'aide d'un traitement rationnel, on peut prévenir cette funeste terminaison.

Il est encore des malades chez lesquels la phthisie se manifeste à la suite d'une pleuro-pneumonie.

Chez ces individus tout annonçait un état parfaitement sain des poumons, lorsqu'ils sont pris d'une fluxion de poitrine. Sous l'influence d'un traitement convenable, on voit les symptômes de la maladie s'amender, et bientôt le malade semble entrer en convalescence. Mais cependant ses forces ne se rétablissent pas; l'embonpoint va toujours en diminuant, la toux persiste et s'accompagne d'une expectoration catarrhale, les inspirations sont difficiles; le malade est oppressé s'essouffle au moindre exercice, la poitrine conserve de la matité, la pneumonie ne se résout pas, et des tubercules se développent au milieu du parenchyme pulmonaire induré.

Quelquefois la maladie commence au milieu des apparences de la santé la plus florissante, ou après quelques incommodités dont la cause n'est pas évidente, par un catarrhe aigu auquel on est loin de soupçonner une cause aussi grave que les tubercules. Assez souvent encore l'apparition des premiers symptômes de la phthisie est précédée par des malaises divers, la décoloration de la peau, l'amaigrissement, la diminution des forces, et chez les femmes, par la suppression ou la diminution des règles, et l'état presque séreux du sang.

De quelque manière que la maladie ait commencé, une expectoration muqueuse plus ou moins abondante, et une fièvre continue s'établissent peu à peu. Cette fièvre présente ordinairement deux redoublements, l'un vers midi et l'autre vers le soir ou le milieu de la nuit. Quelquefois elle débute par un frisson qui lui donne le type tierce ou double tierce, et se termine par des sueurs tantôt partielles, et bornées à la poitrine, au cou, et à la tête, tantôt générales, et plus abondantes qu'on ne les observe dans la fièvre qui est due à une lésion organique quelconque. Bientôt aux sueurs colliquatives se joint une diarrhée également débilitante, et qui, due le plus ordinairement aux éruptions secondaires de tubercules qui se font dans les parois intestinales, a cependant quelquefois lieu sans cela, et même sans aucune ulcération ou inflammation des intestins.

Dès que la fièvre hectique est établie,

l'amaigrissement se prononce, et il fait des progrès d'autant plus rapides que les sueurs, l'expectoration et les évacuations alvines sont plus abondantes. Chez les femmes et les personnes d'un tempérament lymphatique, la peau blanchit et devient blafarde avec une légère nuance de jaune citron.

Enfin, le nez s'effile, les pommettes deviennent saillantes; les conjonctives luisantes et d'un léger bleu de perle, les joues caves; les lèvres pâles, les omoplates saillantes; les espaces intercostaux s'enfoncent, et la cavité de la poitrine paraît rétrécie; le ventre est aplati et rétracté; les articulations des grands os et celles des doigts paraissent grossies, à raison de l'amaigrissement des parties intermédiaires; et les ongles eux-mêmes se recourbent par suite de l'amaigrissement de l'extrémité pulpeuse des doigts.

Si quelquefois les tubercules se développent d'une manière latente, sans altération appréciable de la santé, il n'en résulte pas moins des faits précédents, que dans la majeure partie des cas, l'inflammation simple des bronches précède l'apparition des tubercules; que d'autres fois ces derniers succèdent à une congestion pulmonaire sanguine, qu'ailleurs enfin, ils sont produits par une inflammation du parenchyme pulmonaire.

Mais cet état de congestion ou d'inflammation ne suffit pas pour produire les tubercules. Pour que sous leur influence les tubercules se développent dans le tissu pulmonaire, il faut qu'il y ait une prédisposition spéciale. Si, en effet, une prédisposition congénitale ou acquise ne présidait pas à la production des tubercules, verrait-on une pneumonie, un rhume de même nature occasioner chez les uns des quantités innombrables de tubercules, et n'en provoquer aucun chez d'autres?

CAUSES PRÉDISPOSANTES
ET OCCASIONELLES.

Depuis que l'on a démontré que les tubercules pulmonaires étaient le résultat d'une sécrétion morbide, la phthisie pulmonaire n'est plus regardée comme héréditaire; toutefois, quoique des parents phthisiques ne transmettent pas le germe de cette maladie à leurs enfants, il est cependant d'observation que ceux-çi ont de la prédisposition à la contracter. Heureusement, l'on peut combattre efficacement cette prédisposition.

On a considéré de tout temps le tempérament lymphatique comme l'apanage des phthisiques ; le tempérament sanguin-nerveux prédispose aussi, quoique moins fortement, aux affections tuberculeuses.

Les personnes d'un tempérament lymphatique ont, en général, les cheveux blonds, les yeux bleus, la peau blanche et fine, les lèvres épaisses, les articulations grosses, les chairs molles et pâteuses.

Le tempérammen t sanguin-nerveux est caractérisé par un excès de force circulatoire, une grande susceptibilité nerveuse ; les pommettes rouges, le cou long, la peau fine et blanche, les yeux et les cheveux noirs ou châtains.

On a depuis long-temps fait la remarque que les individus aux cheveux foncés, ayant la poitrine large et le système musculaire bien développé, sont moins sujets à la phthisie pulmonaire; leur nombre est à peine d'un vingtième dans le nombre total des phthisiques.

Les circonstances suivantes déterminent le tempérament lymphatique.

1° L'habitation dans des pays froids et humides.

Le tempéramment lymphatique s'observe sur des populations entières; il est en quelque sorte endémique en Angleterre et en Hollande. C'est aussi là que la phthisie exerce le plus de ravages.

2° L'habitation dans des lieux malsains.

C'est à cette cause que sont dues presque toutes les maladies scrophuleuses des grandes villes; on les observe surtout dans les quartiers sales, humides, mal aérés, où des familles nombreuses ne vivent, pour ainsi dire, que de privations. Toutes ces circonstances concourent à développer le tempérament lymphatique.

L'AGE. L'enfance est plus sujette aux tubercules que l'âge adulte, et celui-ci plus que la vieillesse.

LE SEXE. Les femmes y sont plus sujettes que les hommes.

L'inhalation de vapeurs irritantes dans les professions suivantes, telles que les meûniers, les tailleurs de pierres, les chiffonniers, les cardeurs, les marchands de plumes et de chanvres et les ouvriers employés aux mines de houilles.

Les professions qui nécessitent une position courbée, comme celles d'écrivains, cordonniers, tailleurs, et les professions qui exigent de violents efforts musculaires; celles qui obligent à ne laisser sortir l'air inspiré que petit à petit, comme celle d'orateur, de chanteur, de joueur d'instruments à vent.

Une mauvaise alimentation, celle surtout qui se compose presque exclusivement de laitage, de farineux, de végétaux aqueux et contenant peu de principes nutritifs. Ce qui prouve la grande influence qu'une alimentation insuffisante exerce sur la production de la phthisie, c'est qu'on voit beaucoup de personnes chez lesquelles la phthisie ne s'est déclarée qu'après des privations qu'elles avaient été forcées de s'imposer. Ne serait-ce pas par l'effet d'une alimentation relativement insuffisante, ou par épuisement, que les femmes d'une faible constitution deviennent phthisiques, si elles veulent allaiter leurs enfants? Enfin l'impression d'un air froid et humide, cause si fréquente des phlegmasies du poumon, rentre dans la même classe. Des faits irréfragables prouvent l'influence de cette cause. En effet, la phthisie est beaucoup plus commune dans les pays du nord que dans les contrées méridionales; sous la même latitude et dans les mêmes conditions de température, elle se montre d'autant plus fréquente que la contrée est plus humide; ainsi, on compte proportionnellement plus de phthisiques en Angleterre et en Hollande, que dans les autres parties du nord de l'Europe; il y en a moins, au contraire, sur les hautes montagnes, bien que le froid y soit très vif mais sec, que dans les plaines où la température est aussi basse, mais humide. Les hommes, qui passent d'un climat dans un autre dont la température est plus froide, deviennent très fréquemment phthisiques, s'ils sont exposés aux causes que nous avons déjà signalées.

Ainsi, M. Broussais a constaté que les mêmes régiments français fournissaient en Hollande une bien plus grande proportion de phthisiqnes, qu'en Espagne et en Italie; et le docteur Clot-Bey, qui est aussi un excellent observateur, a remarqué que les tubercules pulmonaires, très rares en Egypte, ne se développent guère que chez les nègres de Sennaar, pour lesquels il existe une différence très grande entre la température de leur pays et celle de l'Egypte. Enfin, la réclusion, le défaut d'exercice et de profonds chagrins, sont regardés comme des causes puissantes de turberculisation. Laënnec cite dans son ouvrage une communauté religieuse de femmes, dans laquelle non seulement, dit-il, on appelait l'attention des recluses sur les vérités les plus terribles de la religion, mais on s'attachait encore à les éprouver par toutes sortes de contrariétés, afin de les faire parvenir, dans le plus court espace de temps, à un entier renoncement à leur propre volonté. Peu de temps après leur arrivée dans cette maison, les religieuses éprouvaient une suppression de menstrues, et elles ne tardaient pas à devenir phthisiques.

TRAITEMENT PRÉSERVATIF.

Une mère atteinte de phthisie ne doit pas allaiter son enfant; il faut, au contraire, donner à celui-ci une nourrice saine et bien portante, afin de contrebalancer la mauvaise constitution qui lui a été transmise par sa mère. Une personne d'un tempérament lymphatique, et menacée de phthisie, devra fuir l'air infect des grandes villes et aller vivre à la campagne, et s'y livrer à un exercice modéré. Elle devra prendre une nourriture fortifiante et succulente composée principalement de viandes roties. Elle devra, en outre, prendre tous les matins un verre de sucs de cresson et de chicorée.

On modifiera le tempérament sanguin par l'emploi des aliments relâchants, du lait et des viandes blanches, on évitera avec soin les stimulants et en particulier les alcoholiques. Pour faire cesser la prédominance du système nerveux, on prescrira l'air pur de la campagne, un exercice propre à fortifier le système musculaire, on évitera les travaux de cabinet, et tout ce qui peut exciter les passions.

Il ne faut pas abuser de l'intelligence des enfants d'un tempérament sanguin nerveux, ni exercer trop tôt leurs facultés, au risque de compromettre leur santé.

Les enfants ont presque tous le tempérament lymphatique ; c'est donc à combattre cette influence qu'il faut s'attacher. Il importe de surveiller avec soin, aux époques fatales de la puberté et de l'adolescence, les personnes chez lesquelles on redoute la formation des tubercules. C'est alors que le symptôme le plus léger, le moindre désordre, doivent être notés avec soin pour y appliquer les remèdes convenables ; c'est alors surtout qu'on devra s'attacher à contrebalancer l'influence du climat et du tempérament.

Le sexe. Nous avons vu que les femmes étaient plus sujettes que les hommes à la phthisie ; comme elles ont une grande tendance au tempérament lymphatique, tous nos efforts devront tendre à le modifier par les moyens indiqués ci-dessus.

Les personnes prédisposées à la phthisie doivent éviter avec soin tout ce qui peut accélérer ou gêner la circulation. Une pneumonie, qui chez une autre se termine sans danger, sera suivie chez elles de la formation de tubercules. Elles doivent se prémunir contre le froid et les variations de température, cause si fréquente des inflammations, par des vêtements convenables et surtout par de la flanelle sur la peau. Les autres causes occasionelles devront être combattues par des moyens que j'indiquerai en parlant du traitement curatif.

LA GUÉRISON DE LA PHTHISIE EST-ELLE POSSIBLE ?

La guérison de la phthisie pulmonaire,

dans les cas où l'organe pulmonaire n'a pas été entièrement envahi, ne présente, ce me semble, aucun caractère d'impossibilité, ni sous le rapport de la nature du mal, ni sous celui de l'organe affecté; car les tubercules des poumons ne diffèrent en rien de ceux qui, placés dans les glandes, prennent le nom de scrophules, et dont le ramollissement est presque constamment suivi d'une guérison parfaite. D'un autre côté, la destruction d'une partie du tissu pulmonaire n'est point un cas mortel de sa nature, puisque l'on voit fréquemment les plaies de cet organe guérir, malgré la complication fâcheuse qu'y ajoute nécessairement l'ouverture des parois thoraciques et l'introduction de l'air dans la plèvre.

Parmi une foule d'exemples qui sont

rapportés par les auteurs, nous allons en citer seulement deux.

1re Obs. Ulcère du poumon transformé en fistule demi-cartilagineuse.

Pierre M... âgé de trente deux ans, d'une forte constitution, donnait, de temps à autre depuis environ six mois, des signes d'une aliénation mentale, sur la nature et l'origine de laquelle on n'a pu obtenir aucun renseignement. A la suite d'une orgie, il éprouva une violente céphalalgie et du délire. Cet état persista jusqu'au jour de son entrée à l'hôpital. Le matin il fut trouvé couché sur le dos, le cou et le corps courbé en avant par l'action permanente des muscles du cou et de l'abdomen.

La face était rouge, et exprimait la plus grande stupeur. Le malade ne pouvait parler, et était sans connaissance. Les conjonctives étaient injectées, la pupille droite un peu plus dilatée que la gauche, le pouls dur, un peu rare, la chaleur de la peau forte; il y avait un rire sardonique très prononcé. D'après ces symptômes, on pensa qu'il existait une inflammation des méninges, et on appliqua force sangsues; on fit plusieurs saignées, et, malgré l'emploi d'un traitement très rationel, le malade succomba après huit jours de maladie.

Ouverture faite vingt-quatre heures après la mort.

A l'ouverture du crâne, il s'écoula beaucoup de sang; les vaisseaux de la pie-mère en étaient gorgés. Les circonvolutions du cerveau étaient fortement aplaties; sa substance était plus ferme que dans son état naturel. etc.

A l'ouverture de la poitrine, le poumon gauche, d'un quart moins volumineux que le droit, adhérait à la plèvre costale par des lames cellulaires nombreuses. Il était d'ailleurs sain et crépitant dans toute son étendue. Le poumon droit, d'un volume considérable, adhérait par son sommet à la plèvre au moyen d'une lame de tissu cellulaire bien organisé, et offrait à cet endroit une excavation d'une assez grande dimension. Cette caverne, remplie par un caillot de sang, était tapissée par une membrane demi-cartilagineuse, épaisse d'un quart de ligne, d'une couleur gris de perle, très lisse et comme polie, mais cependant un peu inégale, et parsemée de petites tubérosités à sa surface. Plusieurs tuyaux bronchiques s'ouvraient dans cette excavation. L'estomac était sain, ainsi que les intestins. Les autres viscères n'offraient rien de remarquable.

2. Obs. Phthisie pulmonaire guérie par la transformation de l'excavation ulcéreuse en fistule.

Madame L..., âgée de quarante-cinq ans, était née avec une forte constitution, et a joui d'une bonne santé jusqu'à l'âge de trente-cinq ans. A cette époque, elle fut sujette à des pertes et à une leucorrhée assez abondante. L'examen de l'utérus fit voir que ces accidents dépendaient d'un polype vésiculeux qui s'était développé dans son col; on en fit la ligature et madame L... se rétablit parfaitement. Deux ans après, elle contracta un catarrhe très intense qui la força à garder le lit pendant deux mois : à la suite de ce catarrhe elle en éprouva successivement plusieurs qui la jetèrent dans un amaigrissement notable. Vers l'année ...... madame L... se portait fort bien. Il y avait long-temps qu'elle n'avait eu de catarrhe. Au commencement de l'année suivante, elle fut prise d'une toux assez fatigante quoique peu forte, et sans autre expectoration qu'une petite quantité de crachats visqueux, diffluents, transparents, et tout-à-fait incolores. La malade, quoique pouvant vaquer à ses affaires, était faible et languissante. Le pouls et la chaleur de la peau ne présentaient cependant pas toujours des caractères fébriles évidents. La respiration s'entendait assez bien partout, mais moins fortement au sommet du poumon droit que dans les autres parties de la poitrine. D'après ce signe et les caractères du crachat, on regarda la malade comme attaquée de tubercules miliaires et crus. On lui prescrivit un régime adoucissant, et les symptômes restaient les mêmes pendant la belle saison. Ver la fin de février, la toux devint tout-à-coup grasse, et la malade commença à rendre des crachats jaunes, épais et puriformes. Cette expectoration dura environ six semaines; ensuite la toux diminua et devint rare et sèche. Ayant été examinée trois mois après, on trouva une pectoriloquile des plus évidentes à la partie supérieure droite de la poitrine. Il devenait dès lors certain que les crachats qu'elle avait rendus provenaient de l'évacuation de tubercules ramollis. On entendait d'ailleurs très bien la respiration dans toute l'étendue de la poitrine, et même aux environs de l'excavation. Bientôt la toux et l'expectoration diminuèrent, l'embonpoint et les forces reparurent, et madame L... reprit toutes les apparences de la santé la plus florissante, quoique la pectoriloquie existât toujours.

Ces faits prouvent, ce me semble, d'une manière incontestable, que lorsque le ramollissement des tubercules a été suivi d'une cavité ulcéreuse, la guérison peut avoir lieu de deux manières, ou par la conversion de l'ulcère en une fistule tapissée, comme celles qui peuvent exister sans compromettre la santé générale, par une membrane tout-à-fait analogue aux tissus de l'économie; ou par une cicatrice plus ou moins parfaite, et de nature celluleuse, fibro-cartilagineuse, ou demi-cartilagineuse.

TRAITEMENT CURATIF.

Les tubercules étant pour nous le résultat de deux ordres de causes, les unes générales, les autres locales, pour traiter cette affection avec succès, il faudra nécessairement que le traitement soit à la fois local et général. Mais l'état de congestion ou d'inflammation n'étant que l'élément secondaire de la maladie, et la diathèse générale en constituant la cause intime, principale, c'est surtout celle-ci qu'il faudra attaquer par des moyens propres à la combattre avec succès.

TRAITEMENT LOCAL.

Les indications principales qu'il présente à remplir consistent à combattre l'irritation du parenchyme pulmonaire, à produire la résolution et la cicatrisation des tubercules, et quand on ne peut en obtenir la résolution, à les rendre stationnaires et à les faire passer à l'état cartilagineux.

Ainsi, pour combattre l'inflammation du parenchyme pulmonaire et des bronches, on emploiera la saignée et les sangsues, dont le nombre devra être approprié à la constitution de l'individu et à l'intensité de la phlegmasie. On prescrira les infusions de fleur de violette, de mauves, de coquelicots, de tussilage, de bouillons blanc; les décoctions de gruau, d'orge, le lichen d'Islande, tisanes qu'on édulcore avec les sirops de gomme de guimauve, etc. On fera prendre des loochs et des juleps. Pour calmer la toux qui est toujours fatigante pour les malades, on aura recours à l'opium, aux extraits de cigüe, de jusquiame, de belladone, donnés à petites doses; on appliquera des ventouses sèches ou scarifiées sur la poitrine, on la recouvrira d'un emplâtre stibié; on fera des frictions sur la région sternale avec la pommade d'hydriodate de potasse enfin, les vapeurs de guimauve, de sureau et de chlore dirigées vers la poitrine à l'aide d'un appareil spécial, sont, sans contredit, le moyen le plus efficace que l'on puisse employer pour amener la résolution des tubercules et la cicatrisation des cavernes pulmonaires.

TRAITEMENT GÉNÉRAL.

Il se compose d'un régime fortifiant et de substances également toniques et propres à régénérer la masse du sang, à rétablir la nutrition et à modifier la diathèse générale qui est l'élément principal de la maladie.

Ainsi, on aura recours à l'usage d'une alimentation très nourrissante, choisie principalement parmi les substances animales qui fournissent beaucoup de matière extractive telles que le bœuf, le mouton, le lièvre, les pigeons, etc. Le malade boira un vin tonique, généreux, pris modérément. Il prendra une tisane amère telle que celle de petit chêne, de saponaire, de lichen, de houblon, de fumeterre, etc., et des sucs de cresson et de chicorée qu'il pourra mêler avantageusement avec du bon lait de vache ou d'anesse ; enfin, il prendra les eaux-bonnes, celles de Cauterets, de Bagnères ou du Mont-d'Or.

J'ai aussi employé fréquemment et avec succès un sirop auquel j'ai donné le nom d'anti-pulmonique à cause de son action toute spéciale sur le poumon, et de la propriété dont il est doué de combattre l'état phlegmasique et nerveux de cet organe.

TRAITEMENT DES COMPLICATIONS.

Pour traiter la phthisie avec succès, il ne suffit pas d'attaquer la diathèse générale qui est l'élément dominant de la maladie; il faut encore combattre les complications accidentelles qui surviennent dans les différentes périodes qu'elle parcourt, et qui tendent singulièrement à hâter sa marche.

Les unes, comme l'hémoptysie, la pneumonie, la bronchite, se manifestent principalement dans la première période de la maladie, les autres, comme les ulcérations intestinales; la diarrhée, les sueurs, les aphtes, la toux, les vomissements, l'œdème, surviennent ordinairement dans la deuxième et troisième période de la maladie.

Hémoptysie. On aura recours à l'emploi de la saignée, des sangsues, de vésicatoires qu'on appliquera entre les deux épaules ; on fera prendre des boissons émollientes, anti-phlogistiques ; et vers la fin, on peut quelquefois prescrire de légers astringents, tels que la grande consoude, le sirop de coing.

Pneumonie. Autour des parties du poumon qui sont le siége des tubercules, il survient assez souvent une ou plusieurs inflammations partielles qui donnent lieu à différents accidents. Ordinairement, la fièvre se déclare, le pouls devient dur, tendu, fort; le malade éprouve des points douloureux, un sentiment d'oppression, de chaleur, de malaise intérieur indéfinissable; la face est animée et les forces sont abattues. Pour remédier à cette complication, on suspendra le traitement général de la phthisie, et l'on fera usage de moyens propres à combattre la phlegmasie qui alors vient compliquer la maladie. C'est alors surtout qu'on retirera de grands avantages de la saignée, des sangsues, des délayants tels que l'eau de gomme, de mauve, ainsi que de l'inspiration des vapeurs de mauve et de sureau.

PLEURÉSIE.

Tandis que la phthisie parcourt ses périodes, il n'est pas rare de voir survenir une ou plusieurs inflammations de la plèvre. La douleur locale décèle ordinairement cette inflammation; et, lorsque cette douleur n'a pas lieu, ce qui est assez rare, l'auscultation, le pouls, la chaleur de la peau, l'expectoration, nous donnent le moyen de reconnaître qu'il existe une pleurésie qu'il est urgent de combattre par les saignées, les sangsues, les vésicatoirs, etc.

Sueurs nocturnes. Les phthisiques éprouvent fréquemment des sueurs tellement abondantes qu'elles les jettent dans un épuisement extrême. Pour les faire cesser, on emploiera des boissons légèrement acidulées, et quelquefois de légers astringents. J'ai quelquefois prescrit avec avantage l'agaric blanc, l'acétate de plomb, le cachou, etc.

TRAITEMENT DES VOMISSEMENTS.

Les vomissements sont assez fréquents chez les phthisiques. Ils dépendent souvent des quintes de toux. D'autres fois ils sont dus à une irritation sympathique de l'estomac, ou à un état saburral des premières voies. On combattra l'irritation de l'estomac par une tisane de chiendent, d'orge, etc. Les vomitifs et de légers purgatifs conviennent pour évacuer la bile et les matières glaireuses qui se trouvent dans l'estomac. Les antispasmodiques sont ordinairement sans efficacité contre les vomissements qui dépendent de la toux.

Du reste, quand on aura débarrassé l'estomac des mucosités et des matières qu'il contenait, on devra chercher à en prévenir le retour à l'aide d'un régime convenable.

TRAITEMENT DES APHTES.

On fera prendre une tisane rafraîchissante, telle que de l'eau de groseilles, de gruau, unie au sirop de mûres. On prescrit en même temps des gargarismes adoucissants et narcotiques. Enfin, lorsque la douleur a cédé, on a quelquefois recours aux gargarismes détersifs. Mais toujours il faut se régler, pour le choix ou la continuation des gargarismes, sur le degré de sensibilité des parties qui sont le siége des aph tes.

TRAITEMENT DU DEVOIEMENT.

Le dévoiement dépend presque constamment d'une inflammation ou d'ulcérations existant dans la membrane muqueuse des instestins. Il tourmente considérablement les malades, et les jette dans une débilité extrême. Quelle que soit la cause de ce dévoiement, on le nomme colliquatif lorsqu'il produit un amaigrissement dont les progrès ont une rapidité effrayante.

L'engorgement des glandes du mésentère produit aussi quelquefois le dévoiement colliquatif. On prescrira les boissons légèrement acidulées, et les opiaces en pilules, etc.

On rencontre quelquefois des malades qui ont la diarrhée sans ulcération des intestins et sans inflammation. Dans ce cas, les toniques et les astringents réussissent parfaitement. J'ai employé avec succès la décoction de simarouba, l'eau de rabil, le sulfate de zinc en pilules, le rathania en lavement, etc.

TRAITEMENT DE L'OEDÈME.

Quoique l'infiltration des jambes, des bras, ou des cuisses ne soit point un symptôme douloureux, il effraie beaucoup les malades. L'œdème survient ordinairement dans la deuxième ou troisième période. Je l'ai vu souvent se dissiper par la tisane de fraisier, de chiendent, unie au nitrate de potasse. Quand ces moyens sont insuffisants, on a recours à l'oxime scillitique. Enfin, quand ce dernier moyen ne réussit pas, on pratique de légères mouchetures aux jambes ou aux cuisses. Il s'écoule par ce moyen une très grande quantité de sérosité, et les malades en éprouvent toujours un soulagement marqué.

On voit par tout ce qui précède que la thérapeutique de la phthisie est complexe, et qu'elle se compose d'agents spéciaux, toniques, et de moyens antiphlogistiques. Il est évident que ce traitement ne peut-être formulé d'une manière précise, et qu'il devra subir des modifications suivant l'idiosyncrasie de l'individu et les symptômes qui domineront. Ainsi, il est des individus chez lesquels il y a surtout à combattre une disposition à l'inflammation qui deviendrait, si elle prenait domicile, une cause occasionelle active de tuberculisation; chez ceux-là, les moyens anti-phlogistiques, employés dans une juste mesure, sont le traitement qui convient le mieux; chez ceux-là encore, le lait, les viandes blanches roties sont très avantageux. Il en est d'autres, au contraire, qui réclament un régime et une médication tout-à-fait différents; chez eux une médication débilitante serait éminemment nuisible, ils se trouveraient très-mal des saignées qui, au contraire, à la condition qu'elles ne sont pas trop copieuses, sont avantageuses chez les premiers.

C'est parmi eux que se trouvent ces individus qui, menacés de tubercules, ont vu leur maladie être enrayée par une médication tonique et un régime fortifiant; chez eux, la diète lactée est contre, indiquée, et si on les y soumet, on est bientôt obligé d'y renoncer.

Ainsi, aux époques de congestion et d'excitation des organes respiratoires, il faudra recourir aux anti-phlogistiques et en cesser l'usage dès que les accidents inflammatoires auront disparu, dans la crainte de créer dans l'organisme un état d'asthénie propre à favoriser le développement des tubercules.

Quand les toniques détermineront une inflammation, soit des poumons, soit des voies digestives, on en suspendra l'emploi jusqu'à ce que les accidents inflammatoires aient disparus.

Toutefois, en thèse générale, la médication tonique devra faire la base fondamentale du traitement, par ce que d'abord elle combat la cause prochaine, essentielle de la maladie, et, qu'en second lieu, elle est propre à rétablir la nutrition, et partant à former un sang riche et fibrineux.

PREMIÈRE OBSERVATION.

M. L.. Fils d'un avocat, étudiant en droit, me fit appeler près de lui pour que je lui donnâsse mes soins. Il était âgé de dix-huit ans, il toussait habituellement, et éprouvait une telle oppression qu'il ne pouvait monter les escaliers qu'avec une peine extrême. Il avait l'habitude de beauooup chanter, et il avait éprouvé deux hémoptysies à la suite de quintes de toux un peu fortes. Comme il présentait tous les attributs du tempérament lymphatique, je crus devoir examiner l'état des organes du bas-ventre; je reconnus qu'ils étaient engorgés : le mésentère paraissait gonflé, et le foie était plus dévoloppé qu'à l'état normal.

TRAITEMENT.

Je pratiquai de suite une saignée, et prescrivis l'inspiration de fumigations de guimauve et de sureau auxquelles on ajouta plus tard quelques gouttes de chlore; je fis prendre du sirop anti-pulmonique, et des sucs des plantes de chicorée et de cresson, etc.

Ces moyens, secondés d'un régime fortifiant, de l'air de la campagne, et d'un exercice convenable, ont été couronnés d'un succès complet, et ce jeune homme jouit aujourd'hui de la plus brillante santé.

DEUXIÈME OBSERVATION.

M. N... âgé de 24 ans, d'un tempérament sanguin, musculeux et robuste, fût pris d'un catarrhe qui le fatigua beaucoup pendant six mois. Malgré l'emploi des saignées et d'une tisane émolliante, il conservait encore une douleur fixe et profonde à la base de la poitrine, et toussait fort souvent. Son état lui inspirant de l'inquiétude, il me fit appeler, et je le trouvai dans l'état suivant : toux continuelle, crachats blancs, puriformes, très abondants, oppressions considérables, chaleur à la peau, sueurs nocturnes, diarrhée, anxiété, pâleur jaunâtre, tiraillement des traits; la poitrine était le siége d'une douleur assez prononcée, et examinée à l'aide du stithoscope on attendait une pectoriloquile très marquée au-dessous de la clavicule du côté gauche.

TRAITEMENT.

Je le mis à l'usage des fumigations de guimauve et de sureau, et prescrivis le sirop anti-pulmonique pris à la dose de trois cuillerées par jour et associé à une tisane émolliente. Sous l'influence de ce traitement, il éprouva presque immédiatement un mieux sensible, mais l'expectoration était toujours puriforme, et elle ne fut tarie qu'après l'emploi des fumigations de chlore. Bientôt après, retour de l'appétit, des forces, et enfin guérison complète.

TROISIÈME OBSERVATION.

Madame de T... a eu dans sa famille plusieurs personnes qui ont succombé à une affection de poitrine. Elle est d'un tempérament nerveux; elle à éprouvé plusieurs fois des crachements de sang, et elle était très sujette à une toux sèche et à une altération de la voix qui devenait rauque; son pouls était serré, vif, fréquent, et il lui survenait par intervalles à la paume des mains et à la plante des pieds des chaleurs qui étaient très vives, principalement à l'approche des règles. On voit que lorsqu'elle me fit appeler près d'elle, elle avait tous les symptômes qui caractérisent le second degré de la phthisie pulmonaire. La malade avait une toux constante, des crachements de sang abondants, un resserrement extrême à la poitrine; elle rendait des crachats puriformes, et avait des chaleurs brûlantes qui augmentaient après le repas et pendant la nuit, et qui se terminaient toujours par une transpiration abondante.

—

TRAITEMENT

1° Deux saignées furent pratiquées dans l'espace de quinze jours, dans l'objet de faire cesser l'état fluxionnaire de la poitrine;

2° Inspiration de fumigations émollientes, rendues plus tard résolutives par l'addition de quelques gouttes de chlore.

3° Sirop anti-pulmonique et des boissons anti-phlogistiques.

4° Régime rafraîchissant.

C'est par ces moyens, qu'en trois mois de temps, les symptômes inflammatoires se dissipèrent, que la toux devint plus rare, et que les crachats s'amendèrent. La malade fit ensuite usage des sucs de chicorée et de cresson qu'on coupa d'abord avec le petit-lait, et puis avec le lait d'anesse.

La santé de madame de.. s'est entièrement rétablie, et elle a été ainsi soustraite à une phthisie dont elle avait ressenti les symptômes bien caractéristiques.

QUATRIÈME OBSERVATION.

On a confié à mes soins une jeune personne dont la mère a succombé à la phthisie pulmonaire.

Cette demoiselle a été jusqu'à l'âge de douze ans extrêmement maigre et délicate, et avait habituellement une toux sèche, accompagnée quelquefois d'une expectoration sanguinolente. On remarquait aussi en elle un engorgement des glandes du cou, avec des couleurs très vives aux joues.

TRAITEMENT.

Je lui fis mettre un cautère au bras, je prescrivis l'inspiration de fumigations émollientes, et à l'intérieur, le sirop anti-pulmonique, et les anti-scorbutiques dont on suspendait l'usage dès que la poitrine semblait se congestionner.

C'est en suivant ce traitement pendant deux ans, secondé d'un régime très fortifiant, que les symptômes inquiétants de la phthisie se sont dissipés; la jeune malade jouit aujourd'hui d'une santé parfaite.

CINQUIÈME OBSERVATION.

Madame S..... âgée de trente ans, d'une forte constitution, d'un tempérament nervoso-sanguin, ayant de l'embonpoint et beaucoup de couleurs, éprouvait de l'oppression lorsqu'elle montait un escalier, et elle était atteinte depuis trois ans d'une petite toux sèche qui s'amendait en été.

En décembre dernier, la toux devint plus fréquente, les forces et l'embonpoint diminuèrent, et il parut, à la suite de la toux, des crachats formés par une matière muqueuse, transparente, mélangée de stries blanches opaques et quelques filets de sang.

Dans le mois de janvier, amaigrissement, rougeur circonscrite des pommettes, maux de têtes, langue nette, soif nulle, toux forte et fréquente; matité sous la clavicule du côté droit, essoufflement très facile, sueurs nocturnes, crachats puriformes et offrant de temps en temps quelques filets de sang.

On fit appliquer des sangsues à la vulve, et l'on prescrivit l'eau de mauve miellée.

Pendant le mois de janvier et de février, même état, amaigrissement progressif; les crachats, de plus en plus abondants, avaient toujours un aspect purulent. Voyant le peu de succès des médicaments employés jusqu'alors, je conseillai de recourir aux fumigations de chlore ainsi qu'au sirop anti-pulmonique, dont j'avais recueilli de bons effets chez plusieurs de mes malades. Bientôt la toux et l'expectoration diminuèrent, et les autres symptômes s'amendèrent également. Le même traitement fut continué pendant trois mois, et au bout de ce temps, il n'y avait plus ni fièvre ni toux, ni expectoration ; la matité du sommet du poumon avait disparu, l'appétit était revenu, et tout annonçait un parfait rétablissement.

SIXIÈME OBSERVATION.

M. G..... d'un tempérament nervoso-sanguin, âgé de dix-neuf ans, fut atteint d'une fièvre éruptive, à la suite de laquelle il éprouva des malaises, de la toux, suivie d'une expectoration muqueuse dans laquelle on apercevait de temps en temps quelques filets de sang.

Pour combattre ces accidents, le médecin de M. G... avait pratiqué une saignée, prescrit une tisane émolliente et un exutoire au bras. Sous l'influence de ce traitement, l'état du malade s'améliora un peu, mais bientôt la toux augmenta, il survint de l'oppression, des crachements de sang se déclarèrent, et la poitrine présenta de la matité sous la clavicule du côté gauche.

Tel était son état lorsque je fus appelé près de lui.

TRAITEMENT.

Les poumons étant évidemment le siége d'une congestion, deux saignées furent pratiquées dans l'espace de 48 heures ; je conseillai une tisane émolliente, le sirop anti-pulmonique, et des fumigations de guimauve. Après quinze jours de ce traitement, tous les accidents avaient cessé, et il ne restait plus à combattre que la matité du poumon gauche.

Les fumigations de guimauve furent remplacées par celles de chlore, et un mois après, le poumon était revenu à son état normal, et M. G... avait entièrement recouvré la santé.

SEPTIÈME OBSERVATION.

M. T..., âgé de 39 ans, d'un tempérament lymphatico-sanguin, éprouva une hémoptysie assez forte, suivie d'abord d'une toux sèche, et au bout de quelque temps d'une expectoration jaune et puriforme. A ces symptômes se joignait une fièvre hectique bien prononcée, une dyspnée considérable et des sueurs nocturnes abondantes.

L'amaigrissement faisait des progrès rapides, et les forces diminuaient aussi considérablement. La poitrine résonnait bien dans toute son étendue, excepté sous la clavicule et l'aisselle droite. Les crachements de sang reparaissaient de temps en temps, mais ils n'étaient pas très considérables. Il se manifesta une diarrhée qui jeta le malade dans un tel état de marasme que son état paraissait au-dessus des ressources de l'art. Les saignées, les vésicatoires, etc., avaient été employés sans succès. Ayant été consulté, je conseillai, mais sans espoir de succès, vu l'état de débilité du malade, les fumigations de chlore et le sirop anti-pulmonique. Au bout de quinze jours, une légère amélioration se manifesta, les sueurs et le dévoiement cessèrent, et l'expectoration diminua d'une manière notable; quelque temps après, le pouls devint moins fréquent, l'appétit revint, l'amaigrissement diminua, la toux cessa entièrement, et le malade entra en convalescence. Depuis cette époque, M... a continuellement joui d'une bonne santé.

HUITIÈME OBSERVATION.

Madame C..., âgée de 21 ans, d'un tempérammént nerveux, avait toujours joui d'une assez bonne santé et n'avait éprouvé d'autre indisposition que deux rhumes dont elle avait été guérie à l'aide de boissons émollientes et d'un régime convenable.

Au mois de février, ayant été exposée à un froid assez intense, elle rentra chez elle ayant un frisson considérable, et fut obligée de se mettre au lit. Bientôt la fièvre se déclara, la toux survint, et tous les symptômes d'une bronchite devinrent manifestes. La jeune dame fut saignée, et l'on prescrivit une tisane émolliente et des loochs. Malgré l'emploi de ces différents moyens, la fièvre persista, l'expectoration fut très abondante et des douleurs se firent sentir derrière le dos. En percutant la poitrine, on sentait de la matité sous les deux omoplates. Deux vésicatoires furent appliqués sur les deux points où la matité existait. Ils furent entretenus pendant deux mois, et l'engouement des poumons existait toujours. Cependant la fièvre était moindre, la toux avait diminué, mais il y avait toujours une expectoration abondante et puriforme. La famille de la malade concevant des craintes sur l'issue de la maladie, je fus appelé en consultation.

Je fis part à mon confrère des succès que j'obtenais tous les jours par la fumigation de guimauve et de chlore, ainsi que par le sirop anti-pulmonique, et il fut d'avis de les employer. Madame C. ne tarda pas à en ressentir les heureux effets; et sous leur influence elle fut guérie d'une affection de poitrine grave, et qui se serait probablement terminée d'une manière funeste.

NEUVIÈME OBSERVATION.

M. H.. d'un tempérament sanguin et très robuste, et n'ayant jamais été malade, fut atteint, au mois de janvier, d'une pneumonie avec fièvre, toux, oppression et expectoration sanguinolente. On lui fit trois saignées dans l'espace de huit jours, et on lui fit prendre une tisane émolliente. Cette médication eut pour effet de modérer la fièvre et d'amender les crachats qui cessèrent d'être sanguinolents.

Mais le malade ressentait toujours une douleur profonde dans la poitrine, la toux était fréquente, et les crachats qu'il rendait ressemblaient à une espèce de salive mousseuse. Son médecin lui fit appliquer un emplâtre stibié derrière les épaules, dans le but d'enlever la toux, l'oppression, et la matité qui existait à la partie inférieur du poumon droit. L'emplâtre ayant été enlevé après huit jours de son application, l'on aperçut une grande quantité de boutons, dont quelques uns suppurèrent pendant quelque temps et formèrent de véritables escarrhes.

Le malade allant un peu mieux, et paraissant devoir entrer en convalescence, mon confrère prescrivit le laitage et un régime anti-phlogistique, et il engagea M. H. à aller quelque temps à la campagne. Il y passa trois mois; mais la toux continüa, l'appétit ne revint pas, et ses forces allaient toujours en déclinant. Étant revenu à Paris, il alla voir son médecin qui lui conseilla de se faire établir un cautère au bras, et de prendre les eaux-bonnes. Le cautère fut mis, les eaux bonnes furent prises et continuées pendant six semaines, et le malade n'en éprouva aucun soulagement.

Madame H. ayant entendu dire que je m'occupais d'une manière toute spéciale du traitement des affections de poitrine, et ayant appris d'un de mes malades (voyez la septième observation) les bons effets que j'obtenais par les fumigations émollientes et de chlore, elle engagea son mari à venir me consulter. Il accueillit avec empressement la propositoin qui lui fut faite, et le lendemain il vint me trouver. Après l'avoir examiné et bien questionné, je lui fis immédiatement prendre une fumigation émolliente d'une demi-heure. M. H. s'étant trouvé un peu soulagé, il revint prendre une nouvelle fumigation, et successivement jusqu'à ce qu'il fût entièrement rétabli. Sa santé continue à être parfaite et sa poitrine n'a pas éprouvé depuis la plus légère atteinte.

DIXIÈME OBSERVATION.

Madame N... âgée de 27 ans, était depuis long-temps atteinte d'une affection de poitrine contre laquelle tous les médicaments qu'on est dans l'habitude d'employer avaient échoué. Ayant été vivement pressée par ses parents pour qu'elle essayât de mon traitement, elle vint me trouver, plutôt pour ne pas déplaire à ses parents, que dans l'espoir d'obtenir une guérison que tous les médicaments imaginables, prescrits par des hommes justement recommandables, n'avaient pu produire.

Je prescrivis le sirop anti-pulmonique, et lui fis aspirer des fumigations émollientes pendant quinze jours, au bout de ce temps, je remplaçai celles-ci par des fumigations de chlore qui furent continuées sans interruption pendant un mois.

Elles avaient jusqu'alors produit peu d'effet, car la malade commençait déjà à perdre patience, et elle était sur le point de les abandonner, lorsqu'enfin leur effet commença à se faire ressentir ; d'abord par l'expectoration qui devint moins abondante, et puis, par la diminution du dévoiement et des sueurs qui l'avaient jetée dans un état de marasme des plus prononcés. Bientôt elle eut de l'appétit, la digestion se fit bien, l'embonpoint revint peu-à-peu, et enfin, après trois mois de traitement, son affection de poitrine avait disparu.

Ces faits démontrent d'une manière évidente que les fumigations émollientes et de chlore exercent une influence bien marquée et très salutaire sur les personnes auxquelles on les administre, et qui sont atteintes de phthisie ou de catarrhe. Il est à noter que, sous l'influence du chlore, tous les malades respirent plus facilement, dilatent mieux leur poitrine : qu'ils éprouvent un sentiment de bien-être très remarquable ; enfin, que leur appétit se développe, et qu'on est obligé de leur donner une plus grande quantité d'aliments.

L'expérience que j'ai acquise sur l'emploi des fumigations m'a appris :

1° Que, dans aucun cas, le[illegible] [illegible]migations n'ont été nuisibles.

2° Que, dans les affections les plus graves, elles soulagent constamment.

3° Que, dans les cas où les autres moyens médicinaux ont échoué, elles guérissent en un temps plus ou moins long, et que dès lors elles constituent le remède le plus puissant que l'on puisse opposer à la phthisie. *

Le sirop anti-pulmonique que je prescris journellement, et que je recommande expressement, convient dans toutes les périodes de la maladie. Il calme la toux, favorise l'expectoration, détruit les spasmes et douleurs de poitrine, provoque le sommeil, en un mot, il concourt très efficacement au succès du traitement.

NOTA. Le docteur Pelleport donne des consultations, les lundis, mercredis, et vendredis, de 1 h. à 2 h., rue du faubourg [illegible]nt-Denis, n° 20.

NOT[illegible] Les appareils, les substances propres aux fumigations, ainsi que le sirop anti-pulmonique, se trouvent chez M. Paul Martin, pharmacien, rue du faubourg Saint-Denis, n° 24.

FIN